U0151236

北大
数学教授
给孩子的数学
思维课

张顺燕/主编　智慧鸟/绘
数学巴士
冒险日记
月光部落的魔法
10分钟爱上数学

南京大学出版社

图书在版编目(CIP)数据

月光部落的魔法 / 张顺燕主编 ; 智慧鸟绘. -- 南京 : 南京大学出版社, 2024.6
(数学巴士. 冒险日记)
ISBN 978-7-305-27564-7

Ⅰ. ①月… Ⅱ. ①张… ②智… Ⅲ. ①数学一儿童读物 Ⅳ. ①01-49

中国国家版本馆CIP数据核字(2024)第015999号

出版发行 南京大学出版社
社　　址 南京市汉口路22号　　邮　编 210093
策　　划 石　磊

丛 书 名 数学巴士·冒险日记
YUEGUANG BULUO DE MOFA
书　　名 月光部落的魔法
主　　编 张顺燕
绘　　者 智慧鸟
责任编辑 刘雪莹
印　　刷 徐州绪权印刷有限公司
开　　本 787mm×1092mm　1/12开　印张 4　字数 100千
版　　次 2024年6月第1版
印　　次 2024年6月第1次印刷
ISBN 978-7-305-27564-7
定　　价 28.80元

网　　址 http://www.njupco.com
官方微博 http://weibo.com/njupco
官方微信号 njupress
销售咨询热线 (025) 83594756

数学巴士成员

玛斯老师：活力四射，充满奇思妙想，经常开着数学巴士带孩子们去冒险，在冒险途中用数学知识解决很多问题，深得孩子们喜爱。

多普：观察力强，聪明好学，从不说多余的话。

迪娜：学习能力强，性格外向，善于思考，总是会抢先回答问题，好胜心强。

麦基：大大咧咧，心地善良，非常热心，关键时候又很胆小。

艾妮：柔弱胆小，被惹急了会手足无措、不停地哭。

洁莉：艾妮最好的朋友，经常安慰艾妮，性格沉稳，关键时刻总是替他人着想。

数学巴士徽章：能帮助数学巴士变形和收起。

数学巴士：一辆神奇的巴士，可以自动驾驶，能变换为直升机模式、潜水艇模式等带着孩子们上天下海，还可以变成徽章模式收纳起来。

玛斯老师决定带领我们前往一处雨林探险。数学巴士平稳地停在雨林深处的草坪上，我们非常激动地下了车。玛斯老师用徽章收起了这辆神奇的巴士。
Maths Bus

河对岸传来“咴咴”声，众人寻声望去，几匹野马在河对岸悠闲地散步。
这里随时有野生动物出没，大家一定要注意安全。

我们来到一条宽大的河边。河面上，一些石头排成一条路直通向对岸，石头上分别写着1、2、3、4、5……依次排列的数字。
1
2
3
4
5
6
7

石头上面怎么都有数字呢？
大概只是编号吧，别管那么多，快过河吧！

小心！

啊！啊！啊！

这时，一个打扮得很奇怪的小男孩钻了出来，他朝我们大声喊着什么。
突然，麦基脚下的石头沉了。好在水并不深，才淹到麦基胸口。

别再往前走了，这些石头被施了魔法，你不知道哪一块会让你掉到水里。

你是谁？
?

大家赶紧走了回来。小男孩告诉我们，他叫苏普，是月光部落的人。他的部落一直生活在这里。可一个月前，从遥远的地方来了一个神秘人想要买下部落的土地，大家不答应，于是神秘人对这里的土地施了魔法。
苏普指着一直延伸到对岸的石头。

我记得我曾在7号、9号、16号、25号石头上掉进水里。没有人敢往前走得更远，因为不知道哪一块石头会有问题。

这么说，这是神秘人造成的麻烦？

这一定是神秘人干的！

7、9、
16、25……
玛斯老师告诉我们，这个魔法并不是不能被破解，有问题的石头是按照一定规律排列的。

数列问题

我们在日常生活里，经常会碰到按照一定顺序排列的数字。这种按照一定的顺序排列的一列数，叫作数列。

数列是隐藏着规律的，我们要做的就是寻找数列中的规律。那怎样才能发现这些规律呢？我们平时要多积累，练就一双“火眼金睛”，遇到数列时仔细观察，通过比较和计算，从已知数中找出数列变化的规律。像故事中提到的从第三个数字开始，每个数都是前面两个数的和，就是这个数列的规律。

找规律可是学习数学重要的基本功之一，它十分考验我们的观察和推理能力。

我们顺利破解了石头的“魔法”，苏普佩服得五体投地，他高兴地邀请我们去他的部落。

月光部落的人都是一副愁眉苦脸的表情。

湖面漂着很多死鱼。

那是什么？
这些外乡人有办法拯救部落。
他们真的可以破解魔法？

长老指着石壁上的图案跟玛斯老师和孩子们解释着。
我们不愿出卖土地，神秘人就用魔法弄脏了湖水。他说，除非我们能在第三条鱼身上填上正确的数字，湖水才会恢复原状。
可一旦填错，这里就会流出毒水，所有的鱼都会被毒死。
这里面好像也有规律。

8
7
35
3
9
6
30
4
6
20
2
第一条鱼，上鱼鳍的数字8减下鱼鳍的数字3等于5，乘以鱼身上的数字7，恰好等于鱼尾上的数字35。
原来是这样，怪不得没有人敢冒险。要是填错了，一切就毁了。

多普提醒了我们，第二条鱼也有规律：上下鱼鳍的数字相减后得到的差，乘以鱼身上的数字，也就是(9−4)×6=30，也和鱼尾的数字吻合。
8
7
35
3
9
6
30
4
6
20
2
(8−3)×7=35
(9−4)×6=30
(6−2)×?=20
4 ×?=20
?=5
按此规律，第三条鱼身上缺失的数字，应该符合(6−2)×鱼身数字=20。因此，鱼身上的数字是5。

找规律填数

我们经常遇到一种叫找规律填数字的题目——一些数按照一定规律排列着，其中一个或者几个位置空缺，需要答题者找到规律，填上空缺处的数字。

既然找出规律是填数的关键，那我们要做的就是仔细观察已知数字，通过分析、推算等，看看数与数之间的排列规律，以及数字变化的规律，并把这种变化规律总结出来。然后按照这种变化规律，把空格里缺失的数字填写完整。

听麦基这么一说，玛斯老师明白过来，她开始仔细检查起石壁上的洞口来。
9
6
30
4
6
5
20
2

玛斯老师从石壁上的洞口里扯出一条皮管子，皮管子里还流出几滴污水。

看，每个洞后面都连着一条管子。

让我们顺藤摸瓜吧！
神秘人可能就藏在管子的另一头。
这条管子通向什么地方呢？

管子隐藏在雨林深处，看来，要想破除神秘人的“魔法”，就只有继续往前走了。

顺着管子不知道走了多久，我们在一道高耸的铁门前停下来。
管子通向这里面。
但大门紧锁，怎么打开它呢？
我们得进去看看。

据我观察，这排齿轮可能就是密码锁。

?

在齿轮旁边有一些文字。

这些文字是开门说明。上面说，只要把正确的齿轮放进空缺的位置中，就可以打开大门。
这个密码有点复杂。

麦基捡起一个红色的齿轮就朝空缺的位置放过去。
冒失鬼，别乱来，这些齿轮排列是有规律的！

包含两种排列规律的图形

齿轮的排列包含了颜色和大小两种规律：颜色规律按3个蓝、2个红、1个黄重复排列；大小规律按1个大、3个小重复排列。

解答这种图形题时，需要仔细观察，把两种规律分别找出来，然后判断空白位置放入怎样的图形，才能同时满足这两种规律。

这种题目看起来似乎很难，但仔细分析其实很容易。故事中的空缺位置是在2个蓝色中间，颜色应为蓝色；前1个是大的，后2个是小的，所以空缺位置应为小的。因此，空缺位置的齿轮为：小的蓝色齿轮。

门开了，我们走进去，里面堆满了各种机器和设备。麦基仍然很好奇：要是我们放上去的是一个错误的齿轮，会发生什么？
看，那是一个锯齿门，像是一个机关。
我猜，如果我们弄错了开门密码，这个锯齿门可能会迅速掉落下来。

太可怕了，我们要继续前进吗?
我想，那个威胁你们部落的神秘人就在这里。
没错，神秘人正是坐着这头“怪兽”来到了我们部落。

玛斯老师向苏普解释，这不是什么怪兽，而是一辆汽车。看来，神秘人并不会魔法，他只是通过设置一些机关来吓唬月光部落的人，好骗取他们的土地而已。
看，这是神秘人的计划。
那我们……不仅是我们，这里的所有生灵都会无家可归的。
他们要买下整片森林，然后在这里开采一种稀有的矿物。

嘘，好像有人来了！
难道是神秘人和他的同伙？我们可不想和这些坏家伙发生正面冲突，但这里似乎没有地方可供我们藏身。

图形找不同

观察这五个图形，我们会发现，它们的共同点都是由两条线把图形分成了四部分。

要找到与众不同的图形，就要寻找出大部分图形变化的规律，然后找出不符合规律的那个。

仔细研究，我们会发现圆形、长方形、正方形和菱形，都被这两条线分成了四个相等的部分。

而三角形虽然也被分成了四部分，但这四部分并不相等。因此，它就是那个不同的图形。

大家都在寻找藏身的地方，这回大家都注意到了旁边的五个柜子，每一个柜子上都有一个图案。

这些图案似乎暗示着什么？
让我想想，我觉得这里面有一个柜子的图案与众不同。
哪一个柜子的图案不一样？
所有的图案都被分成了四份，除了三角形，其他图形都被平均分了。所以我们选择有三角形的柜子。

果然，三角形图案的柜子后面是一个密室。我们刚藏进去，那些坏蛋就走了进来。他们的对话被我们听得一清二楚。

菲勒先生，我在部落周围设置了大量的机关和陷阱。这些部落里的人还以为遭到了魔法的诅咒，应该很快就会搬走了。
很好，不过千万别留下把柄。毕竟我们是违法开发。
放心吧，我已经把所有的证据藏在了地下室的保险柜里。我一会儿就去把它们销毁掉。

坏蛋们离开了。现在正是行动的好时机，要是再拖下去，也许所有的罪证都会被销毁，那就全完了。
看哪，这堵墙后面是空的，有一段楼梯延伸到下面。
说不定那就是他们口中的地下室。

我们下去看看？
孩子们，要注意安全啊！

果然，我们在地下室里找到了一排保险柜。看来，所有的罪证就藏在其中一个保险柜里。这些保险柜上有6张脸，我们要找出不同的那张脸，打开那个保险柜。但旁边的文字提示告诉我们，如果打开了任意一个错误的保险柜，那么罪证材料就会被自动销毁。
这要怎么选？
我们只有六分之一的概率能选对，要不要碰碰运气？
不要，风险太大了！
我想，这又是让我们找不同的把戏。
你们看，每个保险柜上都有一张人脸，也许线索就藏在里面。
1
2
3
4

不同的脸

仔细观察这些脸，它们有三组规律，头发按照“1 根、2 根、3 根”重复，耳朵按照“尖、半圆、蝴蝶形”重复，表情按照“笑脸、哭脸”重复。

两组规律是 3 个一循环，一组规律是按照 2 个一循环，所以推断出最后一张脸的表情是错的，第 6 张脸是他们要找的不同的脸。

在玛斯老师的提示下，我们打开了第6个保险柜，找到了所有犯罪证据。
可糟糕的是，菲勒先生和他的手下发现了我们。
哼哼，我就觉得不对劲！
我们可以把这个部落的小子扣押下来作为人质，让他的族人用土地来交换。

孩子们跑到玛斯老师身边。只见玛斯老师拿出数学巴士的徽章。
孩子们，你们准备好了吗？
看着坏蛋们朝我们逼进，我们的心都要跳到嗓子眼了。这么近的距离，来得及离开吗？

徽章发出亮光，数学巴士出现在所有人面前，把我们带走了。坏家伙们看得目瞪口呆。
哈哈，让你们见识见识真正的魔法！

哇！
完了，这回我们全完了！

几天后，警方根据我们提供的证据逮捕了菲勒先生和他的同伙。坏人们霸占部落土地的计划破产了，月光部落再也不会受到威胁。

警察把垂头丧气的菲勒先生等人带走了。苏普和他的族人们热情地围着玛斯老师和孩子们。
你能再为我们表演一次那神奇的魔法吗?
哈哈，完全没有问题。不过，这回你也要好好带我们参观你的部落哟。

作者简介

张顺燕，北京大学数学科学学院教授，主要研究方向：数学文化、数学史、数学方法。

1962 年毕业于北京大学数学力学系，并留校任教。

主要科研成果及著作：

发表学术论文 30 多篇，曾获得国家教委科技进步三等奖。

《数学的思想、方法和应用》

《数学的美与理》

《数学的源与流》

《微积分的方法和应用》

小数学家训练营

1.数列

点点想用积木搭建一座“大楼”，第一层用2块积木，第二层用4块积木，第三层用8块积木，依次搭到第七层，请问300块积木够不够？

2.找规律填数

你能在空白处填上对应的数字吗？

929、838、747、（　）、（　）、（　）、（　）

3.图形找不同

下列图形中，哪个与其他图形的规律不同？

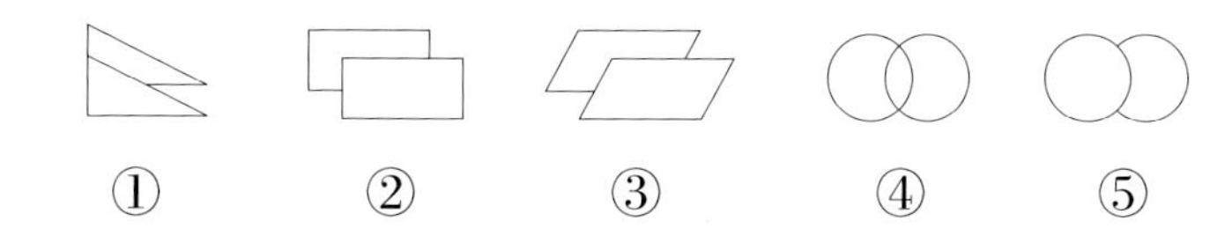

4.找规律画出问号处的图形。

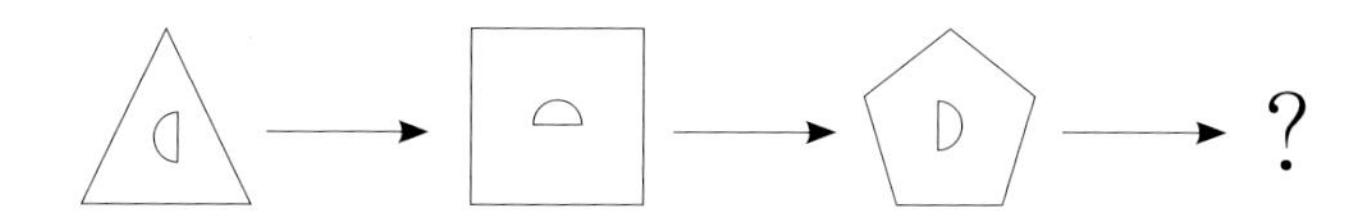

5.包含两种规律的图形

如果按照下图所示的规律排下去，第51个图形是什么？

○○△△☆☆○○△△☆☆○○△△☆☆○○△△☆☆○○△△☆☆……

6.换位问题

A、B、C、D四位同学一起去看电影，他们开始时的座位如下图。后来四人多次换位，第一次前后两排交换，第二次左右两列交换，然后再前后两排交换，再左右两列交换……

请问完成第十三次交换后，B同学坐在几号位置？

A	B
C	D

1	2
3	4

参考答案

1.答案：够用。

首先找到规律：第一层1×2=2，第二层2×2=4，第三层4×2=8，第四层8×2=16，第五层16×2=32，第六层32×2=64，第七层64×2=128。

2+4+8+16+32+64+128=254（块），这个数字小于300，所以300块积木够用。

2.答案：656、565、474、383。

3.答案：图④不一样，两者有交集，其他没有。

4.答案：

图形外圈的边数逐一增加；图形内部为一个半圆，每张图顺时针转动90°。

5.答案：第51个图形是△。

○○△△☆☆这6个图形为一组，51÷6=8……3（个），51个图形中有8组余3个，一组中第三个是△，所以第51个图形为△。

6.答案：每交换四次，大家就会坐回到原来的座位。因此，第十二次交换时，B同学又坐到了开始时的2号位置。第十三次交换是前后两排交换，交换后B同学坐到了4号位置。